JN059925

JIKKYO NOTEBOOK

スパイラル数学B　学習ノート

【数列】

　本書は，実教出版発行の問題集「スパイラル数学B」の1章「数列」の全例題と全問題を掲載した書き込み式のノートです。本書をノートのように学習していくことで，数学の実力を身につけることができます。

　また，実教出版発行の教科書「新編数学B」に対応する問題には，教科書の該当ページを示してあります。教科書を参考にしながら問題を解くことによって，学習の効果がより一層高まります。

目　次

1章　数列

1節　数列とその和

∴1 | 数列

SPIRAL A

*1 次の数列の規則を見つけ，□にあてはまる数を記入せよ。　▶國p.4

*(1)　3, 5, 7, □, 11, 13, ……

(2)　10, 6, 2, −2, □, −10, ……

(3)　1, 3, □, 27, 81, 243, ……

*(4)　16, □, 4, −2, 1, $-\dfrac{1}{2}$, ……

2 数列 $\{a_n\}$ の一般項が次の式で表されるとき，初項から第5項までを求めよ。　▶國p.5例1

(1)　$a_n = 3n - 2$

*(2)　$a_n = n^2 - 2$

(3)　$a_n = \dfrac{n}{n+1}$

*(4)　$a_n = 10^n - 1$

3 次の数列 $\{a_n\}$ の第 6 項を求めよ。さらに，一般項 a_n を n の式で表せ。　▶教 p.5 例2

(1) 3 の正の倍数を小さい方から順に並べた数列　3, 6, 9, 12, ……

*(2) 自然数の 2 乗を小さい方から順に並べた数列　1, 4, 9, 16, ……

*(3) 5 で割ると余りが 3 となる自然数を小さい方から順に並べた数列　3, 8, 13, 18, ……

4 次の有限数列の初項，末項，および項数を求めよ。　▶教 p.5

*(1) 1 以上 99 以下の 6 の倍数を小さい方から順に並べた数列

(2) 2 桁の奇数を小さい方から順に並べた数列

2 等差数列

SPIRAL A

5 次の等差数列の初項から第5項までを書き並べよ。 ▶教p.6

*(1) 初項 3, 公差 2　　　　　　(2) 初項 10, 公差 -3

6 次の等差数列について, 初項と公差を求めよ。 ▶教p.6 例3

*(1) 1, 5, 9, 13, ……　　　　　(2) 8, 5, 2, -1, ……

*(3) -12, -7, -2, 3, ……　　(4) 1, $-\dfrac{1}{3}$, $-\dfrac{5}{3}$, $-\dfrac{9}{3}$, ……

7 次の等差数列 $\{a_n\}$ の一般項を求めよ。また，第 10 項を求めよ。 ▶教p.7 例4

*(1) 初項 3，公差 2 　　　　　　*(2) 初項 10，公差 -3

(3) 初項 1，公差 $\dfrac{1}{2}$ 　　　　　(4) 初項 -2，公差 $-\dfrac{1}{2}$

8 次の問いに答えよ。 ▶教p.8 例5

*(1) 初項 1，公差 3 の等差数列 $\{a_n\}$ について，94 は第何項か。

(2) 初項 50，公差 -7 の等差数列 $\{a_n\}$ について，-83 は第何項か。

9 次の等差数列 $\{a_n\}$ の一般項を求めよ。 ▶教p.7, 8

(1) 初項 5，第 7 項が 23　　　　　　　　*(2) 初項 17，第 5 項が -11

*(3) 公差 6，第 10 項が 15　　　　　　　(4) 公差 -5，第 8 項が 9

10 次の等差数列 $\{a_n\}$ の一般項を求めよ。 ▶教 p.8 例題1

*(1) 第 5 項が 7，第 13 項が 63　　　　(2) 第 4 項が 4，第 7 項が 19

*(3) 第 3 項が 14，第 7 項が 2　　　　(4) 第 2 項が 19，第 10 項が -5

11 次の問いに答えよ。 ▶教 p.9 例題2

*(1) 初項 200，公差 -3 の等差数列 $\{a_n\}$ について，初めて負となる項は第何項か。

(2) 初項 5，公差 3 の等差数列 $\{a_n\}$ について，初めて 1000 を超える項は第何項か。

12 次の 3 つの数がこの順に等差数列であるとき，等差中項 x の値を求めよ。 ▶教 p.9 例6

*(1) $2,\ x,\ 12$ (2) $4,\ x,\ -2$

SPIRAL B

例題 1	一般項が $a_n = 3n - 2$ で表される数列 $\{a_n\}$ は，等差数列であることを示せ。また，初項と公差を求めよ。

解	この数列 $\{a_n\}$ について　　$a_{n+1} = 3(n+1) - 2 = 3n + 1$
	であるから　　$a_{n+1} - a_n = (3n+1) - (3n-2) = 3$
	よって，2項間の差が一定の数 3 であるから，数列 $\{a_n\}$ は公差 3 の等差数列である。
	また　　$a_1 = 3 \times 1 - 2 = 1$
	したがって，初項は 1，公差は 3 である。 **答**

13 一般項が $a_n = 4n + 3$ で表される数列 $\{a_n\}$ は，等差数列であることを示せ。また，初項と公差を求めよ。

3 等差数列の和

SPIRAL A

14 次の等差数列の和を求めよ。　　　　　　　　　　　　　　　　　　　　▶國p.11 例7

*(1)　初項 200, 末項 10, 項数 20

(2)　初項 11, 末項 83, 項数 13

*(3)　初項 − 4, 公差 3, 項数 12

(4)　初項 48, 公差 − 7, 項数 20

15 次の等差数列の和 S を求めよ。 ▶教 p.11 例題3

(1) 3, 7, 11, 15, ……, 79

*(2) -8, -5, -2, ……, 70

*(3) 初項 48, 公差 -7, 末項 -78

(4) 初項 $\dfrac{3}{2}$, 公差 $-\dfrac{1}{3}$, 末項 $-\dfrac{11}{6}$

16 次の等差数列の初項から第 n 項までの和 S_n を求めよ。 ▶教p.11

*(1)　$-5,\ -2,\ 1,\ \cdots\cdots$　　　　　　　　(2)　$20,\ 16,\ 12,\ \cdots\cdots$

17 次の和を求めよ。 ▶教p.12例8, 9

*(1)　$1+2+3+\cdots\cdots+60$　　　　　　(2)　$1+2+3+\cdots\cdots+200$

*(3) $1+3+5+\cdots\cdots+39$ (4) $1+3+5+\cdots\cdots+99$

SPIRAL B

18 次の問いに答えよ。

(1) 初項 3, 公差 4 の等差数列の初項から第何項までの和が 210 となるか。

(2) 等差数列 -9, -7, -5, $\cdots\cdots$ の初項から第何項までの和が 96 となるか。

SPIRAL C

例題 2
等差数列の和の最大値

初項 50, 公差 -6 である等差数列 $\{a_n\}$ の初項から第何項までの和が最大となるか。また, そのときの和 S を求めよ。

▶教 p.42 章末2

解 この等差数列 $\{a_n\}$ の一般項は $a_n = 50 + (n-1) \times (-6) = -6n + 56$

a_n が負になるのは $-6n + 56 < 0$ より $n > \dfrac{56}{6} = 9.3\cdots\cdots$

したがって, 第10項から負になるので, **第9項までの和**が最大となる。 **答**

また, そのときの和 S は

$$S = \frac{1}{2} \times 9 \times \{2 \times 50 + (9-1) \times (-6)\} = \mathbf{234} \quad \text{答}$$

19 初項 80, 公差 -7 である等差数列 $\{a_n\}$ の初項から第何項までの和が最大となるか。また, そのときの和 S を求めよ。

20 初項から第6項までの和が 102, 初項から第11項までの和が 297 であるような等差数列 $\{a_n\}$ の一般項を求めよ。

例題 3　2桁の自然数のうち，4で割ると1余る数について，次の問いに答えよ。

(1)　このような自然数はいくつあるか。

(2)　このような自然数の和Sを求めよ。

▶数p.42章末1

解　(1)　2桁の自然数のうち，4で割ると1余る数を小さい方から順に並べると

13，17，21，……，97

これは，初項13，公差4の等差数列であるから，一般項a_nは

$$a_n = 13 + (n-1) \times 4 = 4n + 9$$

97を第n項とすると，$4n + 9 = 97$ より　$n = 22$

よって，**22個**　**答**

(2)　初項13，末項97，項数22の等差数列の和であるから

$$S = \frac{1}{2} \times 22 \times (13 + 97) = \mathbf{1210}　\text{答}$$

21　2桁の自然数のうち，3で割ると2余る数について，次の問いに答えよ。

(1)　このような自然数はいくつあるか。

(2)　このような自然数の和Sを求めよ。

22 1 から 100 までの自然数のうちで，次のような数の和を求めよ。

(1) 2 の倍数

(2) 3 の倍数

(3) 2 または 3 の倍数

(4) 2 でも 3 でも割り切れない数

∴4 等比数列

SPIRAL A

23 次の等比数列について，初項と公比を求めよ。 ▶國 p.13 例10

*(1)　3, 6, 12, 24, ……

*(2)　$2, \dfrac{4}{5}, \dfrac{8}{25}, \dfrac{16}{125}, \cdots\cdots$

(3)　2, −6, 18, −54, ……

(4)　$4, 4\sqrt{3}, 12, 12\sqrt{3}, \cdots\cdots$

24 次の等比数列 $\{a_n\}$ の一般項を求めよ。また，第 5 項を求めよ。 ▶國 p.14 例11

*(1)　初項 4，公比 3

*(2)　初項 4，公比 $-\dfrac{1}{3}$

(3)　初項 −1，公比 −2

(4)　初項 5，公比 $-\sqrt{2}$

25 次の等比数列 $\{a_n\}$ の一般項を求めよ。 ▶教p.15

*(1) 公比 2, 第 6 項が 96

(2) 公比 -3, 第 5 項が -162

*(3) 初項 5, 第 4 項が 40

(4) 初項 -4, 第 5 項が -324

26 次の等比数列 $\{a_n\}$ の一般項を求めよ。 ▶教 p.15 例題4

*(1) 第 3 項が 12, 第 5 項が 48

*(2) 第 4 項が -54, 第 6 項が -486

(3) 第 2 項が 6, 第 5 項が 48

(4) 第 3 項が 4, 第 6 項が $-\dfrac{32}{27}$

27 次の 3 つの数がこの順に等比数列であるとき，等比中項 x の値を求めよ。　　▶國p.15例12

*(1)　3, x, 12

(2)　4, x, 25

*(3)　2, x, 4

(4)　-3, x, -2

28 次の問いに答えよ。

(1) 初項 5, 公比 -2 の等比数列 $\{a_n\}$ について, -640 は第何項か。

*(2) 初項 $\dfrac{1}{8}$, 公比 2 の等比数列 $\{a_n\}$ について, 64 は第何項か。

*29 初項 4, 公比 3 の等比数列 $\{a_n\}$ について, 初めて 1000 を超える項は第何項か。

*30 3 と 48 の間に 3 つの項を入れて，等比数列をつくりたい。この 3 つの項を求めよ。

31 等比数列 $\{a_n\}$ について，$a_1 + a_2 = 15$，$a_3 + a_4 = 240$ であるとき，この数列の一般項を求めよ。

*32 3つの数 6, a, b がこの順に等差数列であり，3つの数 a, b, 16 がこの順に等比数列であるとき，a, b の値を求めよ。

33 3つの数 a, b, c がこの順に等比数列であり，$a+b+c=13$, $abc=27$ である。a, b, c の値を求めよ。ただし，$a<b<c$ とする。

5 等比数列の和

SPIRAL A

34 次の等比数列の初項から第 6 項までの和を求めよ。　　　　　　　▶教p.16例13

*(1) 初項 1，公比 3

*(2) 初項 2，公比 − 2

(3) 初項 4，公比 $\dfrac{3}{2}$

(4) 初項 − 1，公比 $-\dfrac{1}{3}$

35 次の等比数列の初項から第 n 項までの和 S_n を求めよ。　　　　　▶教p.17例14

(1) 1, 3, 9, 27, ……

*(2) 2, − 4, 8, − 16, ……

(3) 81, 54, 36, 24, ……

*(4) 8, 12, 18, 27, ……

SPIRAL B

36 初項 16，公比 $\frac{1}{2}$，末項 $\frac{1}{8}$ の等比数列の和 S を求めよ。

***37** 初項 3，公比 2 の等比数列の初項から第何項までの和が 189 になるか。

***38** 初項が 2，初項から第 3 項までの和が 62 である等比数列の初項から第 n 項までの和 S_n を求めよ。

39 初項から第 3 項までの和 S_3 が 5，初項から第 6 項までの和 S_6 が 45 である等比数列の初項 a と公比 r を求めよ。ただし，公比は 1 でない実数とする。　　　　　　　　▶教 p.17 応用例題1

SPIRAL C

40 第 2 項が 12，第 5 項が 96 の等比数列がある。このとき，次のものを求めよ。

(1) 初項から第 n 項までの和

(2) 初項から第 n 項までの各項の 2 乗の和

例題 4

初項から第 10 項までの和が 4 で，第 11 項から第 20 項までの和が 12 である等比数列がある。この等比数列の第 21 項から第 30 項までの和を求めよ。

解

この等比数列の初項を a，公比を r とすると，
初項から第 10 項までの和が 4 であるから
$$a + ar + ar^2 + \cdots + ar^9 = 4 \qquad \cdots\cdots①$$
第 11 項から第 20 項までの和が 12 であるから
$$ar^{10} + ar^{11} + ar^{12} + \cdots + ar^{19} = 12 \qquad \cdots\cdots②$$
②より $\quad r^{10}(a + ar + ar^2 + \cdots + ar^9) = 12$
①を代入すると $\quad r^{10} \times 4 = 12 \quad$ より $\quad r^{10} = 3 \quad \cdots\cdots③$
よって，第 21 項から第 30 項までの和は，①，③より
$$ar^{20} + ar^{21} + ar^{22} + \cdots + ar^{29} = r^{20}(a + ar + ar^2 + \cdots + ar^9)$$
$$= (r^{10})^2(a + ar + ar^2 + \cdots + ar^9)$$
$$= 3^2 \times 4 = 36 \quad 答$$

41 初項から第 10 項までの和が 3 で，第 11 項から第 20 項までの和が 15 である等比数列がある。この等比数列の第 21 項から第 30 項までの和を求めよ。

例題 5

$2^3 \cdot 3^4$ の正の約数全体の和 S を求めよ。

考え方 $2^3 \cdot 3^4$ の正の約数は，2^3 の正の約数 1，2，2^2，2^3 の中の 1 つと，3^4 の正の約数 1，3，3^2，3^3，3^4 の中の 1 つとの積で表される。よって，これらの数は，$(1 + 2 + 2^2 + 2^3)(1 + 3 + 3^2 + 3^3 + 3^4)$ を展開したときの各項になっている。

解 $2^3 \cdot 3^4$ の正の約数全体の和 S は，次のように表される。

$$S = (1 + 2 + 2^2 + 2^3)(1 + 3 + 3^2 + 3^3 + 3^4)$$

よって，等比数列の和の公式から

$$S = \frac{1 \times (2^4 - 1)}{2 - 1} \times \frac{1 \times (3^5 - 1)}{3 - 1} = 15 \times 121 = \mathbf{1815} \quad \boxed{答}$$

42 次の数の正の約数全体の和 S を求めよ。

(1) $2^4 \cdot 3^3$

(2) 2^7

(3) $2^5 \cdot 3^4 \cdot 5$

2節　いろいろな数列

∻1　数列の和と $\sum$ 記号

SPIRAL A

43 次の和を求めよ。　　　　　　　　　　　　　　　　　　　　　　▶教 p.19 例1

*(1)　$1^2 + 2^2 + 3^2 + \cdots\cdots + 15^2$

(2)　$1^2 + 2^2 + 3^2 + \cdots\cdots + 23^2$

44 次の和を，記号 $\sum$ を用いずに表せ。　　　　　　　　　　　▶教 p.20 例2

*(1)　$\displaystyle\sum_{k=1}^{5}(2k+1)$

(2)　$\displaystyle\sum_{k=1}^{6}3^k$

*(3)　$\displaystyle\sum_{k=1}^{n}(k+1)(k+2)$

(4)　$\displaystyle\sum_{k=1}^{n-1}(k+2)^2$

45 次の和を，記号 $\sum$ を用いて表せ。 ▶教 p.20 例3

(1)　$5 + 8 + 11 + 14 + 17 + 20 + 23 + 26$ 　　(2)　$1 + 2 + 2^2 + \cdots\cdots + 2^{10}$

46 次の和を求めよ。 ▶教 p.21 例4

*(1)　$\displaystyle\sum_{k=1}^{7} 4$ 　　　　　　　　　　　　*(2)　$\displaystyle\sum_{k=1}^{12} k$

*(3)　$\displaystyle\sum_{k=1}^{6} k^2$ 　　　　　　　　　　　(4)　$\displaystyle\sum_{k=1}^{10} k^2$

47 次の和を求めよ。

▶教 p.21 例5

*(1) $\displaystyle\sum_{k=1}^{8} 3 \cdot 2^{k-1}$

(2) $\displaystyle\sum_{k=1}^{6} 4 \cdot 3^{k-1}$

*(3) $\displaystyle\sum_{k=1}^{10} 2^k$

(4) $\displaystyle\sum_{k=1}^{n} \left(\frac{1}{2}\right)^{k-1}$

48 次の和を求めよ。

▶教 p.22 例6

*(1) $\displaystyle\sum_{k=1}^{n} (2k-5)$

(2) $\displaystyle\sum_{k=1}^{n} (3k+4)$

*(3) $\displaystyle\sum_{k=1}^{n}(k^2-k-1)$

(4) $\displaystyle\sum_{k=1}^{n}(2k^2-4k+3)$

*(5) $\displaystyle\sum_{k=1}^{n}(3k+1)(k-1)$

(6) $\displaystyle\sum_{k=1}^{n}(k-1)^2$

49 次の和を求めよ。 ▶教 p.23 例7

*(1) $\displaystyle\sum_{k=1}^{n-1}(2k+3)$

(2) $\displaystyle\sum_{k=1}^{n-1}(3k-1)$

*(3) $\displaystyle\sum_{k=1}^{n-1}(k^2+3k+1)$

(4) $\displaystyle\sum_{k=1}^{n-1}(k+1)(k-2)$

50 次の数列の初項から第 n 項までの和 S_n を求めよ。　　　　　　　　▶教p.23例題1

(1)　$2 \cdot 3$, $3 \cdot 4$, $4 \cdot 5$, ……　　　　　　　　*(2)　$1 \cdot 5$, $2 \cdot 8$, $3 \cdot 11$, ……

(3)　$1 \cdot 2$, $3 \cdot 5$, $5 \cdot 8$, ……　　　　　　　　*(4)　3^2, 5^2, 7^2, ……

SPIRAL B

いろいろな数列の和

例題 6

次の数列の初項から第 n 項までの和 S_n を求めよ。

$1,\ 1+2,\ 1+2+3,\ 1+2+3+4,\ \cdots\cdots$

解　この数列の第 k 項は $1+2+3+4+\cdots\cdots+k=\dfrac{1}{2}k(k+1)$ であるから

$$S_n=\sum_{k=1}^{n}\left\{\dfrac{1}{2}k(k+1)\right\}=\dfrac{1}{2}\left(\sum_{k=1}^{n}k^2+\sum_{k=1}^{n}k\right)$$

$$=\dfrac{1}{2}\left\{\dfrac{1}{6}n(n+1)(2n+1)+\dfrac{1}{2}n(n+1)\right\}$$

$$=\dfrac{1}{12}n(n+1)\{(2n+1)+3\}$$

$$=\dfrac{1}{6}n(n+1)(n+2) \quad \text{答}$$

51 次の数列の初項から第 n 項までの和 S_n を求めよ。

(1) $1,\ 1+3,\ 1+3+5,\ 1+3+5+7,\ \cdots\cdots$

*(2) $1,\ 1+3,\ 1+3+9,\ 1+3+9+27,\ \cdots\cdots$

2 階差数列　　**3** 数列の和と一般項

SPIRAL A

52 次の数列の階差数列 $\{b_n\}$ の一般項を求めよ。 ▶教 p.24 例8

(1) 2, 3, 5, 8, 12, 17, ……　　　*(2) 3, 5, 9, 15, 23, 33, ……

(3) 4, 9, 12, 13, 12, 9, ……　　　*(4) 1, 3, 7, 15, 31, 63, ……

(5) −6, −5, −2, 7, 34, ……　　　*(6) 5, 6, 3, 12, −15, ……

53 次の数列 $\{a_n\}$ の一般項を求めよ。　　　　　　　　　　　　▶教p.26例題2

*(1)　1，3，8，16，27，41，……

(2)　1，2，7，16，29，……

*(3) 10, 8, 3, -5, -16, ……

(4) -2, -1, 2, 11, 38, ……

*(5)　−1,　1,　5,　13,　29,　61,　……

(6)　2,　3,　1,　5,　−3,　13,　……

54 初項から第 n 項までの和 S_n が，次の式で与えられる数列 $\{a_n\}$ の一般項を求めよ。

▶教p.27例題3

*(1) $S_n = n^2 - 3n$

(2) $S_n = 3n^2 + 4n$

*(3) $S_n = 3^n - 1$

55 $\dfrac{1}{(4k-3)(4k+1)} = \dfrac{1}{4}\left(\dfrac{1}{4k-3} - \dfrac{1}{4k+1}\right)$ であることを用いて，次の和 S_n を求めよ。

▶教p.28例題4

$$S_n = \frac{1}{1\cdot 5} + \frac{1}{5\cdot 9} + \frac{1}{9\cdot 13} + \cdots\cdots + \frac{1}{(4n-3)(4n+1)}$$

56 次の和 S_n を求めよ。

*(1) $S_n = \dfrac{1}{1+\sqrt{2}} + \dfrac{1}{\sqrt{2}+\sqrt{3}} + \dfrac{1}{\sqrt{3}+\sqrt{4}} + \cdots\cdots + \dfrac{1}{\sqrt{n}+\sqrt{n+1}}$

(2) $S_n = \dfrac{1}{\sqrt{3}+\sqrt{5}} + \dfrac{1}{\sqrt{5}+\sqrt{7}} + \dfrac{1}{\sqrt{7}+\sqrt{9}} + \cdots\cdots + \dfrac{1}{\sqrt{2n+1}+\sqrt{2n+3}}$

57 次の和 S_n を求めよ。

(1) $S_n = 1 + \dfrac{1}{1+2} + \dfrac{1}{1+2+3} + \cdots\cdots + \dfrac{1}{1+2+3+\cdots\cdots+n}$

*(2) $S_n = \dfrac{1}{3^2-1} + \dfrac{1}{5^2-1} + \dfrac{1}{7^2-1} + \cdots\cdots + \dfrac{1}{(2n+1)^2-1}$

▶教 p.29 応用例題1

SPIRAL C

58 次の和 S_n を求めよ。

(1) $S_n = 2 \cdot 1 + 4 \cdot 3 + 6 \cdot 3^2 + 8 \cdot 3^3 + \cdots\cdots + 2n \cdot 3^{n-1}$

(2) $S_n = 1 + \dfrac{4}{2} + \dfrac{7}{2^2} + \dfrac{10}{2^3} + \dfrac{13}{2^4} + \cdots\cdots + \dfrac{3n-2}{2^{n-1}}$

44

59 $x \neq 1$ のとき，次の和 S_n を求めよ。 教 p.29 応用例題1

(1) $S_n = 1 + 2x + 3x^2 + \cdots\cdots + nx^{n-1}$

(2) $S_n = 1 + 3x + 5x^2 + \cdots\cdots + (2n-1)x^{n-1}$

例題 7

初項 2，公差 3 の等差数列 $\{a_n\}$ を，次のような群に分ける。ただし，第 m 群には m 個の数が入るものとする。　　　　　　　　　　　　　　　　　▶教 p.31 思考力✦

$$2 \mid 5,\ 8 \mid 11,\ 14,\ 17 \mid 20,\ 23,\ 26,\ 29 \mid 32,\ 35,\ \cdots\cdots$$

(1) 第 m 群の最初の項を求めよ。

(2) 第 m 群に含まれる数の総和 S を求めよ。

(3) 101 は第何群の何番目の数か。

考え方

(1) 第 m 群の最初の項までの項の個数を求める。

(2) 等差数列の和の公式を用いる。

(3) 101 が数列 $\{a_n\}$ の第何項かを考え，その項が第 m 群に入るものとして不等式をつくる。

解

(1) 数列 $\{a_n\}$ の一般項は　$a_n = 2 + (n-1) \times 3 = 3n - 1$

$m \geqq 2$ のとき，第 1 群から第 $(m-1)$ 群までの項の個数は

$$1 + 2 + 3 + \cdots\cdots + (m-1) = \frac{1}{2}m(m-1)$$

ゆえに，第 m 群の最初の項は，もとの数列の第 $\left\{\dfrac{1}{2}m(m-1) + 1\right\}$ 項である。

このことは $m = 1$ のときも成り立つ。

よって　$3 \times \left\{\dfrac{1}{2}m(m-1) + 1\right\} - 1 = \dfrac{1}{2}(3m^2 - 3m + 4)$　**答**

(2) 求める和 S は，初項 $\dfrac{1}{2}(3m^2 - 3m + 4)$，公差 3，項数 m の等差数列の和である。

よって　$S = \dfrac{1}{2}m\left\{2 \times \dfrac{1}{2}(3m^2 - 3m + 4) + (m-1) \times 3\right\} = \dfrac{1}{2}m(3m^2 + 1)$　**答**

(3) $3n - 1 = 101$ より $n = 34$ であるから，101 は数列 $\{a_n\}$ の第 34 項である。

第 34 項が第 m 群に入るとすると，第 1 群から第 m 群までの項の個数は $\dfrac{1}{2}m(m+1)$ より

$$\frac{1}{2}(m-1)m < 34 \leq \frac{1}{2}m(m+1)\quad \text{すなわち}\quad (m-1)m < 68 \leq m(m+1)$$

$7 \times 8 < 68 \leq 8 \times 9$ より，この式を満たす m は　$m = 8$

よって，第 34 項は第 8 群に入る。第 1 群から第 7 群までの項の個数は

$\dfrac{1}{2} \times 7 \times 8 = 28$ であるから，$34 - 28 = 6$ より，101 は**第 8 群の 6 番目**の数。**答**

60 初項 1, 公差 4 の等差数列 $\{a_n\}$ を, 次のような群に分ける。ただし, 第 m 群には m 個の数が入るものとする。

 1 | 5, 9 | 13, 17, 21 | 25, 29, 33, 37 | 41, 45, ……

(1) 第 m 群の最初の項を求めよ。

(2) 第 m 群に含まれる数の総和 S を求めよ。

(3) 201 は第何群の何番目の数か。

3節 漸化式と数学的帰納法

∴1 漸化式

SPIRAL A

61 次の式で定められる数列 $\{a_n\}$ の第2項から第5項までを求めよ。　▶教p.32例1

(1) $a_1 = 2,\ a_{n+1} = a_n + 3$　　　　*(2) $a_1 = 3,\ a_{n+1} = -2a_n$

*(3) $a_1 = 4,\ a_{n+1} = 2a_n + 3$　　　*(4) $a_1 = 1,\ a_{n+1} = na_n + n^2$

48

62 次の式で定められる数列 $\{a_n\}$ の一般項を求めよ。 ▶教p.33練習2

*(1) $a_1 = 2,\ a_{n+1} = a_n + 6$　　　　　　(2) $a_1 = 15,\ a_{n+1} = a_n - 4$

*(3) $a_1 = 5,\ a_{n+1} = 3a_n$　　　　　　(4) $a_1 = 8,\ a_{n+1} = \dfrac{3}{2}a_n$

63 次の式で定められる数列 $\{a_n\}$ の一般項を求めよ。 ▶敎 p.33 例題1

*(1) $a_1 = 1$, $a_{n+1} = a_n + n + 1$

(2) $a_1 = 3$, $a_{n+1} = a_n + 3n + 2$

50

(3) $a_1 = 1,\ a_{n+1} = a_n + n^2$

*(4) $a_1 = 2,\ a_{n+1} = a_n + 3n^2 - n$

64 次の漸化式を，$a_{n+1} - \alpha = p(a_n - \alpha)$ の形に変形せよ。 ▶教 p.34 例2

(1) $a_{n+1} = 2a_n - 1$　　　　　　　　　　*(2) $a_{n+1} = -3a_n - 8$

65 次の式で定められる数列 $\{a_n\}$ の一般項を求めよ。 ▶教 p.35 例題2

*(1) $a_1 = 2$, $a_{n+1} = 4a_n - 3$

(2) $a_1 = 3$, $a_{n+1} = 3a_n + 2$

(3) $a_1 = 3$, $a_{n+1} = 3a_n - 2$

*(4) $a_1 = 5$, $a_{n+1} = 5a_n + 8$

*(5) $a_1 = 1, \quad a_{n+1} = \dfrac{3}{4}a_n + 1$

(6) $a_1 = 0, \quad a_{n+1} = 1 - \dfrac{1}{2}a_n$

66 次の式で定められる数列 $\{a_n\}$ の一般項を求めよ。

*(1) $a_1 = -2,\ a_{n+1} = a_n + 3^n$

(2) $a_1 = 0,\ a_{n+1} - a_n = 2^n + n$

67 $a_1 = \dfrac{1}{3}$, $a_{n+1} = \dfrac{a_n}{3a_n + 4}$ で定められる数列 $\{a_n\}$ について，次の問いに答えよ。

▶ 教 p.42 章末6

(1) $b_n = \dfrac{1}{a_n}$ とおくとき，b_{n+1} と b_n の関係式を求めよ。

(2) 数列 $\{b_n\}$ の一般項を求め，これより数列 $\{a_n\}$ の一般項を求めよ。

56

SPIRAL C

数列の和と漸化式

例題 8

初項から第 n 項までの和 S_n が，$S_n = 5a_n - 4$ で与えられる数列 $\{a_n\}$ の一般項を求めよ。

考え方　$a_1 = S_1$，$a_{n+1} = S_{n+1} - S_n$ であることを用いて，数列 $\{a_n\}$ の漸化式をつくる。

解　$a_1 = S_1$ であるから $a_1 = 5a_1 - 4$　　よって　$a_1 = 1$
また，$a_{n+1} = S_{n+1} - S_n$ であるから
$$a_{n+1} = (5a_{n+1} - 4) - (5a_n - 4) = 5a_{n+1} - 5a_n$$
よって　$a_{n+1} = \dfrac{5}{4}a_n$

したがって，数列 $\{a_n\}$ は，初項 1，公比 $\dfrac{5}{4}$ の等比数列であるから
$$a_n = 1 \cdot \left(\frac{5}{4}\right)^{n-1} = \left(\frac{5}{4}\right)^{n-1}$$　答

68 初項から第 n 項までの和 S_n が，$S_n = 2a_n + n$ で与えられる数列 $\{a_n\}$ の一般項を求めよ。

69 $a_1 = 1$, $a_{n+1} = 3a_n + 2^n$ で定められる数列 $\{a_n\}$ について, 次の問いに答えよ.

(1) $b_n = \dfrac{a_n}{3^n}$ とおくとき, b_{n+1} と b_n の関係式を求めよ.

(2) 数列 $\{b_n\}$ の一般項を求め, これより数列 $\{a_n\}$ の一般項を求めよ.

70 平面上に，どの2本も平行ではなく，また，どの3本も同じ点で交わらないn本の直線がある。これらn本の直線の交点の総数をa_nとするとき，次の問いに答えよ。

(1) a_{n+1}をa_nで表せ。

(2) a_nを求めよ。

71 次の式で定められる数列 $\{a_n\}$ の第 3 項から第 5 項までを求めよ。

(1) $a_1 = 3$, $a_2 = 5$, $a_{n+2} = a_{n+1} + 2a_n$ $(n = 1,\ 2,\ 3,\ \cdots\cdots)$

(2) $a_1 = 1$, $a_2 = 2$, $a_{n+2} = 3a_{n+1} - 2a_n$ $(n = 1,\ 2,\ 3,\ \cdots\cdots)$

例題 9

次の式で定められる数列 $\{a_n\}$ の一般項を求めよ。

$$a_1 = 3, \quad a_2 = 7, \quad a_{n+2} = -2a_{n+1} + 3a_n \quad (n = 1, 2, 3, \cdots\cdots)$$

▶数 p.36 思考力✚

考え方 与えられた漸化式を $a_{n+2} - a_{n+1} = -3(a_{n+1} - a_n)$ と変形して，$b_n = a_{n+1} - a_n$ とおくと，数列 $\{b_n\}$ は公比 -3 の等比数列であることがわかる。

$\{b_n\}$ は $\{a_n\}$ の階差数列であるから，$\{b_n\}$ の一般項から $\{a_n\}$ の一般項が求められる。

解 与えられた漸化式を変形すると

$$a_{n+2} - a_{n+1} = -3(a_{n+1} - a_n)$$

ここで，$b_n = a_{n+1} - a_n$ とおくと

$$b_{n+1} = -3b_n, \quad b_1 = a_2 - a_1 = 7 - 3 = 4$$

よって，数列 $\{b_n\}$ は，初項 4，公比 -3 の等比数列であるから

$$b_n = 4 \cdot (-3)^{n-1}$$

数列 $\{b_n\}$ は，数列 $\{a_n\}$ の階差数列であるから，$n \geq 2$ のとき

$$a_n = a_1 + \sum_{k=1}^{n-1} 4 \cdot (-3)^{k-1} = 3 + \frac{4\{1 - (-3)^{n-1}\}}{1 - (-3)} = 4 - (-3)^{n-1}$$

ここで，$a_n = 4 - (-3)^{n-1}$ に $n = 1$ を代入すると $a_1 = 3$

となるから，この式は $n = 1$ のときも成り立つ。

よって，求める一般項は $\boldsymbol{a_n = 4 - (-3)^{n-1}}$ **答**

72 次の式で定められる数列 $\{a_n\}$ の一般項を求めよ。

$$a_1 = 2, \quad a_2 = 8, \quad a_{n+2} = 4a_{n+1} - 3a_n \quad (n = 1, 2, 3, \cdots\cdots)$$

2 数学的帰納法

SPIRAL A

73 すべての自然数 n について，次の等式が成り立つことを，数学的帰納法を用いて証明せよ。

▶教 p.38 例題3

*(1) $3 + 5 + 7 + \cdots\cdots + (2n + 1) = n(n + 2)$

(2) $1 + 2 + 2^2 + \cdots\cdots + 2^{n-1} = 2^n - 1$

*(3) $1 \cdot 3 + 2 \cdot 4 + 3 \cdot 5 + \cdots\cdots + n(n+2) = \dfrac{1}{6}n(n+1)(2n+7)$

74 すべての自然数 n について，$6^n - 1$ は 5 の倍数であることを，数学的帰納法を用いて証明せよ。

▶教 p.39 例題4

▶教 p.38 例題3

SPIRAL B

75 すべての自然数 n について，次の等式が成り立つことを，数学的帰納法を用いて証明せよ。

*(1) $1^3 + 2^3 + 3^3 + \cdots\cdots + n^3 = \left\{\dfrac{1}{2}n(n+1)\right\}^2$

(2) $1 \cdot 2 \cdot 3 + 2 \cdot 3 \cdot 4 + \cdots\cdots + n(n+1)(n+2) = \dfrac{1}{4}n(n+1)(n+2)(n+3)$

*(3) $\dfrac{1}{1\cdot 2}+\dfrac{1}{2\cdot 3}+\dfrac{1}{3\cdot 4}+\cdots\cdots+\dfrac{1}{n(n+1)}=\dfrac{n}{n+1}$

(4) $\dfrac{1}{2} + \dfrac{2}{2^2} + \dfrac{3}{2^3} + \cdots\cdots + \dfrac{n}{2^n} = 2 - \dfrac{n+2}{2^n}$

76 次の不等式が成り立つことを，数学的帰納法を用いて証明せよ。 ▶教 p.40 応用例題1

(1) n が自然数のとき $4^n > 6n - 3$

*(2) n が 5 以上の自然数のとき $2^n > n^2$

77 n が 2 以上の自然数のとき，不等式 $\dfrac{1}{1^2} + \dfrac{1}{2^2} + \dfrac{1}{3^2} + \cdots\cdots + \dfrac{1}{n^2} < 2 - \dfrac{1}{n}$ が成り立つことを，数学的帰納法を用いて証明せよ。

78 すべての自然数 n について，$2^{3n} - 7n - 1$ は 49 の倍数であることを，数学的帰納法を用いて証明せよ。

例題 10

$a_1 = 0$, $a_{n+1} = \dfrac{1}{2 - a_n}$ $(n = 1, 2, 3, \cdots\cdots)$ で定められる数列 $\{a_n\}$ について，次の問い

に答えよ。

▶教 p.43章末12

(1) a_2, a_3, a_4 を求めよ。また，一般項 a_n を推定せよ。

(2) 推定した一般項が正しいことを，数学的帰納法を用いて証明せよ。

解

(1) $a_2 = \dfrac{1}{2 - a_1} = \dfrac{1}{2 - 0} = \dfrac{1}{2}$, $\quad a_3 = \dfrac{1}{2 - a_2} = \dfrac{1}{2 - \frac{1}{2}} = \dfrac{2}{3}$, $\quad a_4 = \dfrac{1}{2 - a_3} = \dfrac{1}{2 - \frac{2}{3}} = \dfrac{3}{4}$ **答**

よって，一般項 a_n は $a_n = \dfrac{n-1}{n}$ と推定できる。 **答**

証明

(2) $a_n = \dfrac{n-1}{n}$ ……① とおく。

[I] $n = 1$ のとき，$a_1 = \dfrac{1-1}{1} = 0$ よって，$n = 1$ のとき，①は成り立つ。

[II] $n = k$ のとき，①が成り立つと仮定すると $a_k = \dfrac{k-1}{k}$

このとき $a_{k+1} = \dfrac{1}{2 - a_k} = \dfrac{1}{2 - \frac{k-1}{k}} = \dfrac{k}{2k - (k-1)} = \dfrac{k}{k+1} = \dfrac{(k+1)-1}{k+1}$

よって，$n = k+1$ のときも①は成り立つ。

[I]，[II]から，すべての自然数 n について①が成り立つ。

ゆえに，推定した一般項は正しい。 **終**

79 $a_1 = 1$, $a_{n+1} = \dfrac{4 - a_n}{3 - a_n}$ $(n = 1, 2, 3, \cdots\cdots)$ で定められる数列 $\{a_n\}$ について，次の問いに

答えよ。

(1) a_2, a_3, a_4 を求めよ。また，一般項 a_n を推定せよ。

(2) 推定した一般項が正しいことを，数学的帰納法を用いて証明せよ。

解答

1 (1) 9　(2) -6　(3) 9　(4) -8

2 (1) 1, 4, 7, 10, 13

(2) -1, 2, 7, 14, 23

(3) $\dfrac{1}{2}$, $\dfrac{2}{3}$, $\dfrac{3}{4}$, $\dfrac{4}{5}$, $\dfrac{5}{6}$

(4) 9, 99, 999, 9999, 99999

3 (1) $a_6=18$, $a_n=3n$

(2) $a_6=36$, $a_n=n^2$

(3) $a_6=28$, $a_n=5n-2$

4 (1) 初項6，末項96，項数16

(2) 初項11，末項99，項数45

5 (1) 3, 5, 7, 9, 11

(2) 10, 7, 4, 1, -2

6 (1) 初項1，公差4

(2) 初項8，公差-3

(3) 初項-12，公差5

(4) 初項1，公差$-\dfrac{4}{3}$

7 (1) $a_n=2n+1$, $a_{10}=21$

(2) $a_n=-3n+13$, $a_{10}=-17$

(3) $a_n=\dfrac{1}{2}n+\dfrac{1}{2}$, $a_{10}=\dfrac{11}{2}$

(4) $a_n=-\dfrac{1}{2}n-\dfrac{3}{2}$, $a_{10}=-\dfrac{13}{2}$

8 (1) 第32項　(2) 第20項

9 (1) $a_n=3n+2$　(2) $a_n=-7n+24$

(3) $a_n=6n-45$　(4) $a_n=-5n+49$

10 (1) $a_n=7n-28$　(2) $a_n=5n-16$

(3) $a_n=-3n+23$　(4) $a_n=-3n+25$

11 (1) 第68項　(2) 第333項

12 (1) $x=7$　(2) $x=1$

13 略　$a_{n+1}-a_n=(一定)$ を示せばよい。
初項は 7，公差は 4

14 (1) 2100　(2) 611

(3) 150　(4) -370

15 (1) 820　(2) 837　(3) -285　(4) $-\dfrac{11}{6}$

16 (1) $\dfrac{1}{2}n(3n-13)$

(2) $-2n(n-11)$

17 (1) 1830　(2) 20100

(3) 400　(4) 2500

18 (1) 第10項までの和

(2) 第16項までの和

19 第12項までの和，$S=498$

20 $a_n=4n+3$

21 (1) 30個　(2) 1635

22 (1) 2550　(2) 1683

(3) 3417　(4) 1633

23 (1) 初項3，公比2

(2) 初項2，公比$\dfrac{2}{5}$

(3) 初項2，公比-3

(4) 初項4，公比$\sqrt{3}$

24 (1) $a_n=4\times3^{n-1}$, $a_5=324$

(2) $a_n=4\times\left(-\dfrac{1}{3}\right)^{n-1}$, $a_5=\dfrac{4}{81}$

(3) $a_n=-(-2)^{n-1}$, $a_5=-16$

(4) $a_n=5\times(-\sqrt{2})^{n-1}$, $a_5=20$

25 (1) $a_n=3\times2^{n-1}$

(2) $a_n=-2\times(-3)^{n-1}$

(3) $a_n=5\times2^{n-1}$

(4) $a_n=-4\times3^{n-1}$ または $a_n=-4\times(-3)^{n-1}$

26 (1) $a_n=3\times2^{n-1}$ または $a_n=3\times(-2)^{n-1}$

(2) $a_n=-2\times3^{n-1}$ または $a_n=2\times(-3)^{n-1}$

(3) $a_n=3\times2^{n-1}$

(4) $a_n=9\times\left(-\dfrac{2}{3}\right)^{n-1}$

27 (1) $x=\pm6$　(2) $x=\pm10$

(3) $x=\pm2\sqrt{2}$　(4) $x=\pm\sqrt{6}$

28 (1) 第8項　(2) 第10項

29 第7項

30 6, 12, 24 または -6, 12, -24

31 $a_n=3\times4^{n-1}$ または $a_n=-5\times(-4)^{n-1}$

32 $\begin{cases}a=1\\b=-4\end{cases}$ $\begin{cases}a=9\\b=12\end{cases}$

33 $a=1$, $b=3$, $c=9$

34 (1) 364　(2) -42

(3) $\dfrac{665}{8}$　(4) $-\dfrac{182}{243}$

35 (1) $\dfrac{1}{2}(3^n-1)$　(2) $\dfrac{2}{3}\{1-(-2)^n\}$

(3) $243\left\{1-\left(\dfrac{2}{3}\right)^n\right\}$　(4) $16\left\{\left(\dfrac{3}{2}\right)^n-1\right\}$

36 $\dfrac{255}{8}$

37 第6項までの和

38 $S_n=\dfrac{2}{7}\{1-(-6)^n\}$ または $S_n=\dfrac{1}{2}(5^n-1)$

39 $a=\dfrac{5}{7}$, $r=2$

40 (1) $6(2^n-1)$　　(2) $12(4^n-1)$

41 75

42 (1) 1240　　(2) 255　　(3) 45738

43 (1) 1240　　(2) 4324

44 (1) $3+5+7+9+11$

(2) $3+9+27+81+243+729$

(3) $2\cdot3+3\cdot4+4\cdot5+\cdots\cdots+(n+1)(n+2)$

(4) $3^2+4^2+5^2+\cdots\cdots+(n+1)^2$

45 (1) $\displaystyle\sum_{k=1}^{8}(3k+2)$　　(2) $\displaystyle\sum_{k=1}^{11}2^{k-1}$

46 (1) 28　　(2) 78

(3) 91　　(4) 385

47 (1) 765　　(2) 1456

(3) 2046　　(4) $2\left\{1-\left(\dfrac{1}{2}\right)^n\right\}$

48 (1) $n(n-4)$

(2) $\dfrac{1}{2}n(3n+11)$

(3) $\dfrac{1}{3}n(n+2)(n-2)$

(4) $\dfrac{1}{3}n(2n^2-3n+4)$

(5) $\dfrac{1}{2}n(n-1)(2n+3)$

(6) $\dfrac{1}{6}n(n-1)(2n-1)$

49 (1) $(n-1)(n+3)$

(2) $\dfrac{1}{2}(n-1)(3n-2)$

(3) $\dfrac{1}{3}(n-1)(n+1)(n+3)$

(4) $\dfrac{1}{3}(n-1)(n^2-2n-6)$

50 (1) $\dfrac{1}{3}n(n^2+6n+11)$

(2) $\dfrac{1}{2}n(n+1)(2n+3)$

(3) $\dfrac{1}{2}n(4n^2+n-1)$

(4) $\dfrac{1}{3}n(4n^2+12n+11)$

51 (1) $\dfrac{1}{6}n(n+1)(2n+1)$

(2) $\dfrac{1}{4}(3^{n+1}-2n-3)$

52 (1) $b_n=n$　　(2) $b_n=2n$

(3) $b_n=-2n+7$　　(4) $b_n=2^n$

(5) $b_n=3^{n-1}$　　(6) $b_n=(-3)^{n-1}$

53 (1) $a_n=\dfrac{3}{2}n^2-\dfrac{5}{2}n+2$

(2) $a_n=2n^2-5n+4$

(3) $a_n=-\dfrac{3}{2}n^2+\dfrac{5}{2}n+9$

(4) $a_n=\dfrac{3^{n-1}-5}{2}$

(5) $a_n=2^n-3$

(6) $a_n=\dfrac{7-(-2)^{n-1}}{3}$

54 (1) $a_n=2n-4$

(2) $a_n=6n+1$

(3) $a_n=2\times3^{n-1}$

55 $\dfrac{n}{4n+1}$

56 (1) $\sqrt{n+1}-1$

(2) $\dfrac{\sqrt{2n+3}-\sqrt{3}}{2}$

57 (1) $\dfrac{2n}{n+1}$　　(2) $\dfrac{n}{4(n+1)}$

58 (1) $\dfrac{(2n-1)\cdot3^n+1}{2}$

(2) $8-(3n+4)\left(\dfrac{1}{2}\right)^{n-1}$

59 (1) $\dfrac{nx^{n+1}-(n+1)x^n+1}{(1-x)^2}$

(2) $\dfrac{(2n-1)x^{n+1}-(2n+1)x^n+x+1}{(1-x)^2}$

60 (1) $2m^2-2m+1$

(2) $m(2m^2-1)$

(3) 第10群の6番目

61 (1) $a_2=5$,　$a_3=8$
　　　　$a_4=11$,　$a_5=14$

(2) $a_2=-6$,　$a_3=12$
　　$a_4=-24$,　$a_5=48$

(3) $a_2=11$,　$a_3=25$
　　$a_4=53$,　$a_5=109$

(4) $a_2=2$,　$a_3=8$
　　$a_4=33$,　$a_5=148$

62 (1) $a_n=6n-4$

(2) $a_n=-4n+19$

(3) $a_n=5\times3^{n-1}$

(4) $a_n=8\times\left(\dfrac{3}{2}\right)^{n-1}$

63 (1) $a_n=\dfrac{1}{2}n^2+\dfrac{1}{2}n$

(2) $a_n=\dfrac{3}{2}n^2+\dfrac{1}{2}n+1$

(3) $a_n=\dfrac{1}{3}n^3-\dfrac{1}{2}n^2+\dfrac{1}{6}n+1$

(4) $a_n=n^3-2n^2+n+2$

64 (1) $a_{n+1}-1=2(a_n-1)$

(2) $a_{n+1}+2=-3(a_n+2)$

65 (1) $a_n=4^{n-1}+1$

(2) $a_n=4\cdot3^{n-1}-1$

(3) $a_n=2\cdot3^{n-1}+1$

(4) $a_n=7\cdot5^{n-1}-2$

(5) $a_n=-3\left(\dfrac{3}{4}\right)^{n-1}+4$

(6) $a_n=-\dfrac{2}{3}\left(-\dfrac{1}{2}\right)^{n-1}+\dfrac{2}{3}$

66 (1) $a_n=\dfrac{3^n-7}{2}$

(2) $a_n=2^n+\dfrac{1}{2}n^2-\dfrac{1}{2}n-2$

67 (1) $b_{n+1}=4b_n+3$

(2) $b_n=4^n-1,\quad a_n=\dfrac{1}{4^n-1}$

68 $a_n=-2^n+1$

69 (1) $b_{n+1}=b_n+\dfrac{1}{3}\times\left(\dfrac{2}{3}\right)^n$

(2) $b_n=1-\left(\dfrac{2}{3}\right)^n,\quad a_n=3^n-2^n$

70 (1) $a_{n+1}=a_n+n$

(2) $a_n=\dfrac{1}{2}n(n-1)$

71 (1) $a_3=11,\ a_4=21,\ a_5=43$

(2) $a_3=4,\ a_4=8,\ a_5=16$

72 $a_n=3^n-1$

73 (1) $3+5+7+\cdots\cdots+(2n+1)=n(n+2)$
$\qquad\qquad\qquad\qquad\qquad\cdots\cdots$①

とおく。

[I] $n=1$ のとき
(左辺)$=3$，(右辺)$=1\cdot3=3$
よって，$n=1$ のとき，①は成り立つ。

[II] $n=k$ のとき，①が成り立つと仮定すると
$3+5+7+\cdots\cdots+(2k+1)=k(k+2)$
この式を用いると，$n=k+1$ のときの①の左辺は
$3+5+7+\cdots\cdots+(2k+1)+\{2(k+1)+1\}$
$=k(k+2)+(2k+3)$
$=k^2+4k+3$
$=(k+1)(k+3)$
$=(k+1)\{(k+1)+2\}$
よって，$n=k+1$ のときも①は成り立つ。

[I]，[II]から，すべての自然数nについて①が成り立つ。

(2) $1+2+2^2+\cdots\cdots+2^{n-1}=2^n-1$ $\cdots\cdots$①

とおく。

[I] $n=1$ のとき
(左辺)$=1$，(右辺)$=2^1-1=1$
よって，$n=1$ のとき，①は成り立つ。

[II] $n=k$ のとき，①が成り立つと仮定すると
$1+2+2^2+\cdots\cdots+2^{k-1}=2^k-1$
この式を用いると，$n=k+1$ のときの①の左辺は
$1+2+2^2+\cdots\cdots+2^{k-1}+2^{(k+1)-1}$
$=(2^k-1)+2^k$
$=2\cdot2^k-1$
$=2^{k+1}-1$
よって，$n=k+1$ のときも①は成り立つ。

[I]，[II]から，すべての自然数nについて①が成り立つ。

(3) $1\cdot3+2\cdot4+3\cdot5+\cdots\cdots+n(n+2)$
$=\dfrac{1}{6}n(n+1)(2n+7)$ $\cdots\cdots$① とおく。

[I] $n=1$ のとき
(左辺)$=1\cdot3=3$，(右辺)$=\dfrac{1}{6}\cdot1\cdot2\cdot9=3$
よって，$n=1$ のとき，①は成り立つ。

[II] $n=k$ のとき，①が成り立つと仮定すると
$1\cdot3+2\cdot4+3\cdot5+\cdots\cdots+k(k+2)$
$=\dfrac{1}{6}k(k+1)(2k+7)$
この式を用いると，$n=k+1$ のときの①の左辺は
$1\cdot3+2\cdot4+3\cdot5+\cdots\cdots+k(k+2)$
$\qquad\qquad\qquad+(k+1)\{(k+1)+2\}$
$=\dfrac{1}{6}k(k+1)(2k+7)+(k+1)(k+3)$
$=\dfrac{1}{6}(k+1)\{k(2k+7)+6(k+3)\}$
$=\dfrac{1}{6}(k+1)(2k^2+13k+18)$
$=\dfrac{1}{6}(k+1)(k+2)(2k+9)$
$=\dfrac{1}{6}(k+1)\{(k+1)+1\}\{2(k+1)+7\}$
よって，$n=k+1$ のときも①は成り立つ。

[I]，[II]から，すべての自然数nについて①が成り立つ。

74 命題「6^n-1 は 5 の倍数である」を①とする。

[I] $n=1$ のとき $6^1-1=5$
よって，$n=1$ のとき，①は成り立つ。

[II] $n=k$ のとき，①が成り立つと仮定すると，整

数 m を用いて
$$6^k - 1 = 5m$$
と表される。

この式を用いると，$n = k+1$ のとき
$$6^{k+1} - 1 = 6 \cdot 6^k - 1$$
$$= 6(5m+1) - 1$$
$$= 30m + 5$$
$$= 5(6m+1)$$

$6m+1$ は整数であるから，$6^{k+1} - 1$ は 5 の倍数である。

よって，$n = k+1$ のときも①は成り立つ。

[I]，[II]から，すべての自然数 n について①が成り立つ。

75 (1) $1^3 + 2^3 + 3^3 + \cdots\cdots + n^3 = \left\{ \dfrac{1}{2} n(n+1) \right\}^2$
$$\cdots\cdots ①$$

とおく。

[I] $n = 1$ のとき
$$(左辺) = 1^3 = 1, \quad (右辺) = \left\{ \frac{1}{2} \cdot 1 \cdot (1+1) \right\}^2 = 1$$

よって，$n = 1$ のとき，①は成り立つ。

[II] $n = k$ のとき，①が成り立つと仮定すると
$$1^3 + 2^3 + 3^3 + \cdots\cdots + k^3 = \left\{ \frac{1}{2} k(k+1) \right\}^2$$

この式を用いると，$n = k+1$ のときの①の左辺は
$$1^3 + 2^3 + 3^3 + \cdots\cdots + k^3 + (k+1)^3$$
$$= \left\{ \frac{1}{2} k(k+1) \right\}^2 + (k+1)^3$$
$$= \frac{1}{4} k^2 (k+1)^2 + (k+1)^3$$
$$= \frac{1}{4} (k+1)^2 \{ k^2 + 4(k+1) \}$$
$$= \frac{1}{4} (k+1)^2 (k^2 + 4k + 4)$$
$$= \frac{1}{4} (k+1)^2 (k+2)^2$$
$$= \frac{1}{4} (k+1)^2 \{ (k+1) + 1 \}^2$$
$$= \left[\frac{1}{2} (k+1) \{ (k+1) + 1 \} \right]^2$$

よって，$n = k+1$ のときも①は成り立つ。

[I]，[II]から，すべての自然数 n について①が成り立つ。

(2) $1 \cdot 2 \cdot 3 + 2 \cdot 3 \cdot 4 + \cdots\cdots + n(n+1)(n+2)$
$$= \frac{1}{4} n(n+1)(n+2)(n+3) \quad \cdots\cdots ①$$

とおく。

[I] $n = 1$ のとき
$$(左辺) = 1 \cdot 2 \cdot 3 = 6$$
$$(右辺) = \frac{1}{4} \cdot 1 \cdot (1+1)(1+2)(1+3)$$
$$= 6$$

よって，$n = 1$ のとき，①は成り立つ。

[II] $n = k$ のとき，①が成り立つと仮定すると
$$1 \cdot 2 \cdot 3 + 2 \cdot 3 \cdot 4 + \cdots\cdots + k(k+1)(k+2)$$
$$= \frac{1}{4} k(k+1)(k+2)(k+3)$$

この式を用いると，$n = k+1$ のときの①の左辺は
$$1 \cdot 2 \cdot 3 + 2 \cdot 3 \cdot 4 + \cdots\cdots + k(k+1)(k+2)$$
$$+ (k+1)(k+2)(k+3)$$
$$= \frac{1}{4} k(k+1)(k+2)(k+3)$$
$$+ (k+1)(k+2)(k+3)$$
$$= \frac{1}{4} (k+1)(k+2)(k+3)(k+4)$$
$$= \frac{1}{4} (k+1) \{ (k+1)+1 \} \{ (k+1)+2 \}$$
$$\times \{ (k+1)+3 \}$$

よって，$n = k+1$ のときも①は成り立つ。

[I]，[II]から，すべての自然数 n について①が成り立つ。

(3) $\dfrac{1}{1 \cdot 2} + \dfrac{1}{2 \cdot 3} + \dfrac{1}{3 \cdot 4} + \cdots\cdots + \dfrac{1}{n(n+1)} = \dfrac{n}{n+1}$
$$\cdots\cdots ①$$

とおく。

[I] $n = 1$ のとき
$$(左辺) = \frac{1}{1 \cdot 2} = \frac{1}{2}$$
$$(右辺) = \frac{1}{1+1} = \frac{1}{2}$$

よって，$n = 1$ のとき①は成り立つ。

[II] $n = k$ のとき，①が成り立つと仮定すると
$$\frac{1}{1 \cdot 2} + \frac{1}{2 \cdot 3} + \frac{1}{3 \cdot 4} + \cdots\cdots + \frac{1}{k(k+1)} = \frac{k}{k+1}$$

この式を用いると，$n = k+1$ のときの①の左辺は
$$\frac{1}{1 \cdot 2} + \frac{1}{2 \cdot 3} + \frac{1}{3 \cdot 4} + \cdots\cdots + \frac{1}{k(k+1)}$$
$$+ \frac{1}{(k+1)(k+2)}$$
$$= \frac{k}{k+1} + \frac{1}{(k+1)(k+2)}$$
$$= \frac{k(k+2)+1}{(k+1)(k+2)}$$
$$= \frac{k^2+2k+1}{(k+1)(k+2)}$$

$$= \frac{(k+1)^2}{(k+1)(k+2)}$$

$$= \frac{k+1}{k+2} = \frac{k+1}{(k+1)+1}$$

よって，$n=k+1$ のときも①は成り立つ。

[I]，[II]から，すべての自然数 n について①が成り立つ。

(4) $\dfrac{1}{2} + \dfrac{2}{2^2} + \dfrac{3}{2^3} + \cdots\cdots + \dfrac{n}{2^n} = 2 - \dfrac{n+2}{2^n}$ ……①

とおく。

[I] $n=1$ のとき

$$(左辺) = \frac{1}{2}, \quad (右辺) = 2 - \frac{1+2}{2} = \frac{1}{2}$$

よって，$n=1$ のとき①は成り立つ。

[II] $n=k$ のとき，①が成り立つと仮定すると

$$\frac{1}{2} + \frac{2}{2^2} + \frac{3}{2^3} + \cdots\cdots + \frac{k}{2^k} = 2 - \frac{k+2}{2^k}$$

この式を用いると，

$n=k+1$ のときの①の左辺は

$$\frac{1}{2} + \frac{2}{2^2} + \frac{3}{2^3} + \cdots\cdots + \frac{k}{2^k} + \frac{k+1}{2^{k+1}}$$

$$= 2 - \frac{k+2}{2^k} + \frac{k+1}{2^{k+1}}$$

$$= 2 - \frac{2(k+2)-(k+1)}{2^{k+1}}$$

$$= 2 - \frac{k+3}{2^{k+1}} = 2 - \frac{(k+1)+2}{2^{k+1}}$$

よって，$n=k+1$ のときも①は成り立つ。

[I]，[II]から，すべての自然数 n について①が成り立つ。

76 (1) $4^n > 6n-3$ ……① とおく。

[I] $n=1$ のとき

$$(左辺) = 4^1 = 4, \quad (右辺) = 6\cdot1-3 = 3$$

よって，$n=1$ のとき，①は成り立つ。

[II] $n=k$ のとき，①が成り立つと仮定すると

$$4^k > 6k-3$$

この式を用いて，$n=k+1$ のときも①が成り立つこと，すなわち

$$4^{k+1} > 6(k+1)-3 \quad ……②$$

が成り立つことを示せばよい。

②の両辺の差を考えると

$$(左辺)-(右辺) = 4^{k+1}-6(k+1)+3$$

$$= 4\cdot4^k-6k-3$$

$$> 4(6k-3)-6k-3$$

$$= 18k-15$$

ここで，$k \geqq 1$ であるから

$$18k-15 > 0$$

よって，②が成り立つから，$n=k+1$ のときも①は成り立つ。

[I]，[II]から，すべての自然数 n について①が成り立つ。

(2) $2^n > n^2$ ……① とおく。

[I] $n=5$ のとき

$$(左辺) = 2^5 = 32, \quad (右辺) = 5^2 = 25$$

よって，$n=5$ のとき，①は成り立つ。

[II] $k \geqq 5$ として，$n=k$ のとき，①が成り立つと仮定すると

$$2^k > k^2$$

この式を用いて，$n=k+1$ のときも①が成り立つこと，すなわち

$$2^{k+1} > (k+1)^2 \quad ……②$$

が成り立つことを示せばよい。

②の両辺の差を考えると

$$(左辺)-(右辺) = 2^{k+1}-(k+1)^2$$

$$= 2\cdot2^k-(k+1)^2$$

$$> 2\cdot k^2-(k^2+2k+1)$$

$$= k^2-2k-1$$

$$= (k-1)^2-2$$

ここで，$k \geqq 5$ であるから

$$(k-1)^2-2 \geqq (5-1)^2-2 = 14 > 0$$

よって $(k-1)^2-2 > 0$ となり，②が成り立つから，$n=k+1$ のときも①は成り立つ。

[I]，[II]から，5以上のすべての自然数 n について①が成り立つ。

77 $\dfrac{1}{1^2} + \dfrac{1}{2^2} + \dfrac{1}{3^2} + \cdots\cdots + \dfrac{1}{n^2} < 2 - \dfrac{1}{n}$ ……①

とおく。

[I] $n=2$ のとき

$$(左辺) = \frac{1}{1^2} + \frac{1}{2^2} = 1 + \frac{1}{4} = \frac{5}{4}$$

$$(右辺) = 2 - \frac{1}{2} = \frac{3}{2} = \frac{6}{4}$$

$\dfrac{5}{4} < \dfrac{6}{4}$ より $n=2$ のとき，①は成り立つ。

[II] $k \geqq 2$ として，$n=k$ のとき①が成り立つと仮定すると

$$\frac{1}{1^2} + \frac{1}{2^2} + \frac{1}{3^2} + \cdots\cdots + \frac{1}{k^2} < 2 - \frac{1}{k}$$

この式を用いて，$n=k+1$ のときも①が成り立つこと，すなわち

$$\frac{1}{1^2} + \frac{1}{2^2} + \frac{1}{3^2} + \cdots\cdots + \frac{1}{k^2} + \frac{1}{(k+1)^2}$$

$$< 2 - \frac{1}{k+1} \quad ……②$$

が成り立つことを示せばよい。

②の両辺の差を考えると

(右辺)−(左辺)

$$=\left(2-\frac{1}{k+1}\right)-\left\{\frac{1}{1^2}+\frac{1}{2^2}+\frac{1}{3^2}+\cdots\cdots+\frac{1}{k^2}+\frac{1}{(k+1)^2}\right\}$$

$$>\left(2-\frac{1}{k+1}\right)-\left\{2-\frac{1}{k}+\frac{1}{(k+1)^2}\right\}$$

$$=\frac{1}{k}-\frac{1}{k+1}-\frac{1}{(k+1)^2}$$

$$=\frac{(k+1)^2-k(k+1)-k}{k(k+1)^2}$$

$$=\frac{1}{k(k+1)^2}>0$$

よって，②が成り立つから，

$n=k+1$ のときも①は成り立つ。

[I]，[II]から，2 以上のすべての自然数 n について①が成り立つ。

78 命題「$2^{3n}-7n-1$ は 49 の倍数である」を①とする。

[I] $n=1$ のとき $2^3-7-1=0$

0 は 49 の倍数であるから，$n=1$ のとき，①は成り立つ。

[II] $n=k$ のとき，①が成り立つと仮定すると，整数 m を用いて $2^{3k}-7k-1=49m$ と表される。

この式を用いると，$n=k+1$ のとき

$$2^{3(k+1)}-7(k+1)-1$$

$$=2^3\cdot2^{3k}-7k-8$$

$$=8(49m+7k+1)-7k-8$$

$$=49(8m+k)$$

ここで，$8m+k$ は整数であるから，

$2^{3(k+1)}-7(k+1)-1$ は 49 の倍数である。

よって，$n=k+1$ のときも①は成り立つ。

[I]，[II]から，すべての自然数 n について①が成り立つ。

79 (1) $a_2=\dfrac{3}{2}$, $a_3=\dfrac{5}{3}$, $a_4=\dfrac{7}{4}$

$a_n=\dfrac{2n-1}{n}$ と推定できる。

(2) $a_n=\dfrac{2n-1}{n}$ ……① とおく。

[I] $n=1$ のとき，$a_1=\dfrac{2-1}{1}=1$

よって，$n=1$ のとき，①は成り立つ。

[II] $n=k$ のとき，①が成り立つと仮定すると

$$a_k=\frac{2k-1}{k}$$

このとき

$$a_{k+1}=\frac{4-a_k}{3-a_k}=\frac{4-\dfrac{2k-1}{k}}{3-\dfrac{2k-1}{k}}$$

$$=\frac{4k-(2k-1)}{3k-(2k-1)}=\frac{2k+1}{k+1}=\frac{2(k+1)-1}{k+1}$$

よって，$n=k+1$ のときも①は成り立つ。

[I]，[II]から，すべての自然数 n について①が成り立つ。ゆえに，推定した一般項は正しい。

スパイラル数学B学習ノート
数列

●編 者 実教出版編修部

●発行者 小田 良次

●印刷所 寿印刷株式会社

●発行所 実教出版株式会社

〒102-8377
東京都千代田区五番町5
電話＜営業＞(03)3238-7777
　　＜編修＞(03)3238-7785
　　＜総務＞(03)3238-7700
https://www.jikkyo.co.jp/

002402023　　ISBN 978-4-407-35677-9